立体图解

《建筑工程建筑面积计算规范》

古日新　彭孝乾　冯天行 / 编著

U0176847

中国建筑工业出版社

图书在版编目（CIP）数据

立体图解《建筑工程建筑面积计算规范》/ 古日新，
彭孝乾，冯天行编著 .—北京：中国建筑工业出版社，
2021.8

ISBN 978-7-112-26302-8

Ⅰ.①立…　Ⅱ.①古…　②彭…　③冯…　Ⅲ.①建筑面
积—计算—规范—图解　Ⅳ.① TU723-65

中国版本图书馆 CIP 数据核字（2021）第 129685 号

责任编辑：毋婷娴
责任校对：姜小莲
校对整理：李辰馨

立体图解《建筑工程建筑面积计算规范》
古日新　彭孝乾　冯天行　编著
*
中国建筑工业出版社出版、发行（北京海淀三里河路 9 号）
各地新华书店、建筑书店经销
逸品书装设计制版
临西县阅读时光印刷有限公司印刷
*
开本：889 毫米 ×1194 毫米　1/24　印张：2⅝　字数：73 千字
2023 年 9 月第一版　2023 年 9 月第一次印刷
定价：**39.00** 元
ISBN　978-7-112-26302-8
（37759）

目　次

Contents

本书对《建筑工程建筑面积计算规范》GB/T 50353—2013的要点内容进行了立体图解，条文说明直接附于规范条文下，便于读者阅读。条文说明下仿宋字体说明是作者对条文的解读，供读者参考。

1 总　　则

1.0.1 为规范工业与民用建筑工程建设全过程的建筑面积计算，统一计算方法，制定本规范。

1.0.2 本规范适用于新建、扩建、改建的工业与民用建筑工程建设全过程的建筑面积计算。

1.0.3 建筑工程的建筑面积计算，除应符合本规范外，尚应符合国家现行有关标准的规定。

【条文说明】

1.0.1 我国的《建筑面积计算规则》最初是在20世纪70年代制订的，之后根据需要进行了多次修订。1982年，国家经委基本建设办公室（82）经基设字58号印发了《建筑面积计算规则》，对20世纪70年代制订的《建筑面积计算规则》进行了修订。1995年建设部发布《全国统一建筑工程预算工程量计算规则》（土建工程GJDGZ—101—95），其中含建筑面积计算规则的内容，是对1982年的《建筑面积计算规则》进行的修订。2005年，建设部以国家标准的形式发布了《建筑工程建筑面积计算规范》GB/T 50353—2005。

　　此次修订是在总结《建筑工程建筑面积计算规范》GB/T 50353—2005实施情况的基础上进行的。鉴于建筑发展中出现的新结构、新材料、新技术、新方法，为了解决由于建筑技术的发展产生的面积计算问题，本着不重算、不漏算的原则，对建筑面积的计算范围和计算方法进行了修改、统一和完善。

1.0.2 本条规定了本规范的适用范围。条文中所称"建设全过程"是指从项目建议书、可行性研究报告至竣工验收、交付使用的过程。

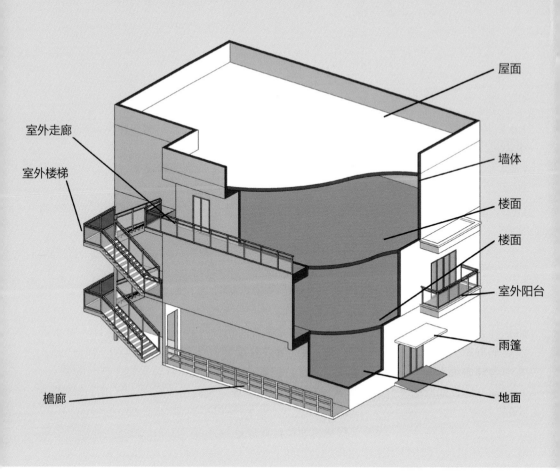

屋面

墙体

楼面

楼面

室外阳台

雨篷

地面

室外走廊

室外楼梯

檐廊

2 术 语

2.0.1 建筑面积　construction area

建筑物（包括墙体）所形成的楼地面面积。

【条文说明】

2.0.1 建筑面积包括附属于建筑物的室外阳台、雨篷、檐廊、室外走廊、室外楼梯等的面积。

建筑面积计算是工程计量计价和房地产测量的基础性工作，也是房地产交易、工程承发包、建筑运营和国民经济管理的关键指标。在建筑设计上，建筑面积是对方案设计过程进行控制及建筑报建的重要指标。

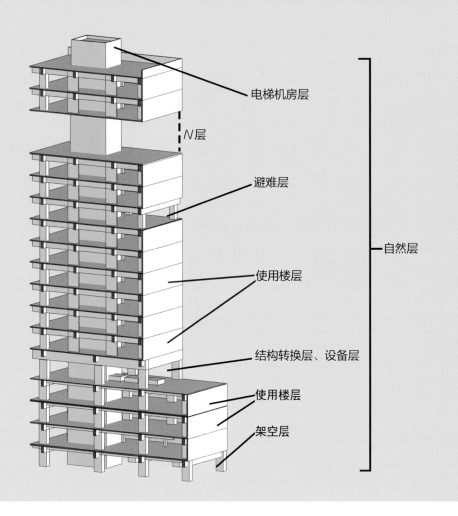

电梯机房层

N层

避难层

使用楼层

结构转换层、设备层

使用楼层

架空层

自然层

2.0.2　自然层　　floor

按楼地面结构分层的楼层。

只要有楼（地）面板隔断的空间都算自然层，不受功能和层高限制。结构转换层、设备层、避难层等均属于自然层，电梯机房层也属于自然层。

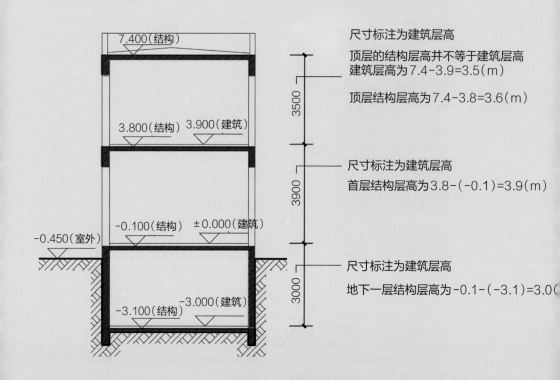

结构层高和建筑层高

2.0.3 结构层高 structure story height

楼面或地面结构层上表面至上部结构层上表面之间的垂直距离。

注意结构层高和建筑层高的区别。建筑层高为建筑物各层之间以楼、地面面层（完成面）计算的垂直距离，屋顶层为该层楼面面层（完成面）至平屋面的结构面层或至坡顶的结构面层与外墙外皮延长线交点计算的垂直距离。

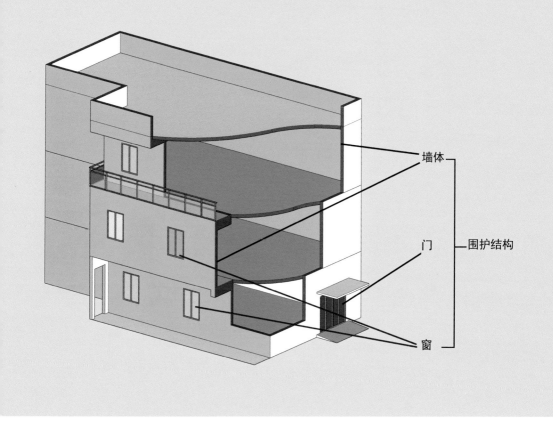

2.0.4 围护结构 building enclosure

围合建筑空间的墙体、门、窗。

本规范中的围护结构是狭义的围护结构概念，用于对面积计算的描述，围护结构按是否与室外空气直接接触，又可分为外围护结构和内围护结构。一般在无特别说明或具体图示的情况下，围护结构通常是指外围护结构。

广义的围护结构是指构成建筑空间以抵御外界环境不利影响的构件，其不仅包括墙体、门、窗，还包括屋面和楼面。

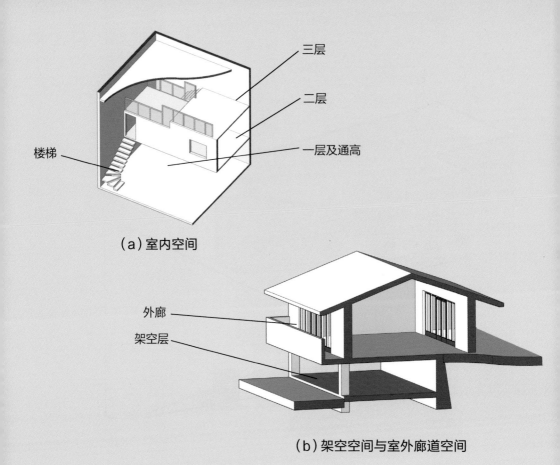

（a）室内空间

（b）架空空间与室外廊道空间

2.0.5 建筑空间 space

以建筑界面限定的、供人们生活和活动的场所。

【条文说明】

2.0.5 具备可出入、可利用条件（设计中可能标明了使用用途，也可能没有标明使用用途或使用用途不明确）的围合空间，均属于建筑空间。

可出入、可使用是建筑空间的决定性条件，与图纸上是否标明使用用途无关。只能通过跨越窗台或围护设施到达的空间不具有可出入性，不应算是建筑空间。建筑界面是指建筑空间上室内外之间、室内与半室外、半室外与室外之间的领域分界面。

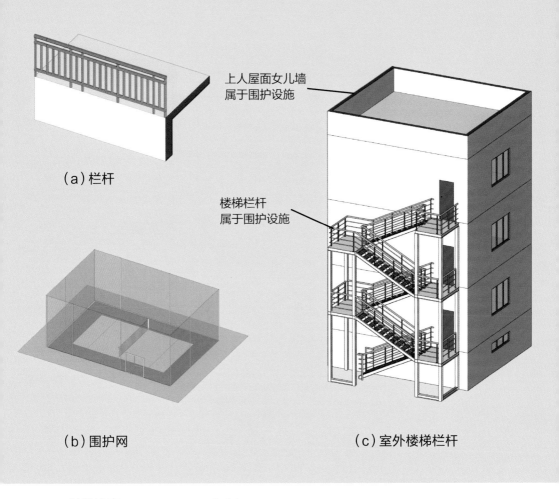

（a）栏杆

（b）围护网

（c）室外楼梯栏杆

2.0.6 结构净高   structure net height

楼面或地面结构层上表面至上部结构层下表面之间的垂直距离。

2.0.7 围护设施   enclosure facilities

为保障安全而设置的栏杆、栏板等围挡。

注意围护结构和围护设施的区别。

女儿墙是有组织排水的屋面上屋顶周围的矮墙，作为泛水收头，同时防止屋面雨水漫流，也起装饰作用。上人屋面为保障安全增加女儿墙高度，应该视作栏板或"与女儿墙结合的栏板"，属于围护设施。

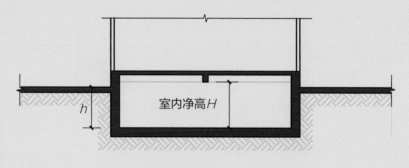

（a）地下室（h>1/2H）

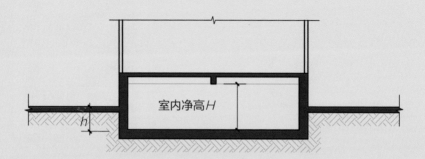

（b）半地下室（1/3H<h≤1/2H）

2.0.8 地下室　basement

室内地平面低于室外地平面的高度且超过室内净高的1/2的房间。

2.0.9 半地下室　semi-basement

室内地平面低于室外地平面的高度超过室内净高的1/3，且不超过1/2的房间。

在地形高差复杂的场地，地下室或半地下室室内地面与室外地平面高差变化多，室外标高以主入口旁室外地坪计算。

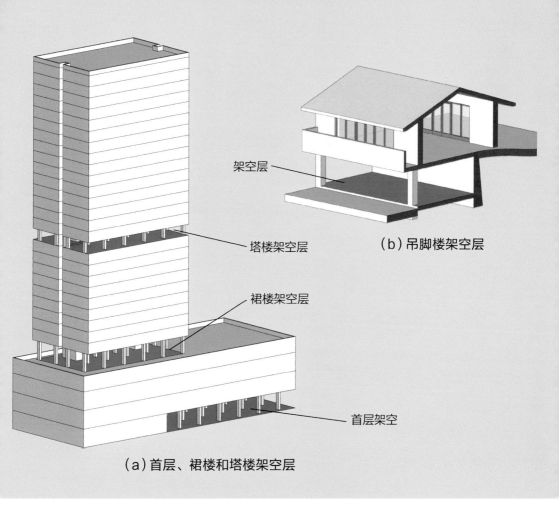

架空层

塔楼架空层

裙楼架空层

首层架空

（a）首层、裙楼和塔楼架空层

架空层

（b）吊脚楼架空层

2.0.10 架空层　　stilt floor

仅有结构支撑而无外围护结构的开敞空间层。

常见的架空层有教学楼、住宅等在首层设置的架空层，也包括坡地建筑物的吊脚架空层、深基础架空层。架空层空间只要具备可利用条件，均应算入建筑面积，无论在设计中是否加以利用。

商业－住宅综合体中，常在裙楼屋顶设置架空层以供住宅用户或者商业使用，也常在高层住宅和商业写字楼中间段设置架空层花园，形成丰富的造型或增加使用上的舒适度。同时，裙楼屋顶架空层经常用于塔楼和裙楼的管线转换，塔楼架空层多用于超高层建筑的避难层。

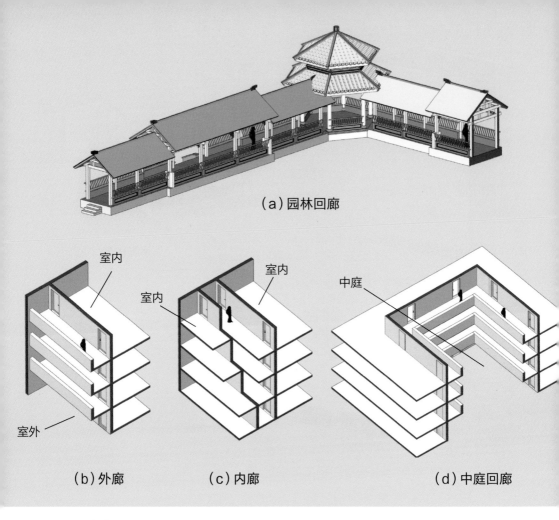

（a）园林回廊

室内

室内

室内

中庭

室外

（b）外廊　　　　　　（c）内廊　　　　　　（d）中庭回廊

2.0.11　走廊　　corridor
建筑物中的水平交通空间。

　　走廊按不同的形式可分为内廊、外廊、架空走廊、檐廊、挑廊、回廊。本规范里"回廊"属于走廊一种，《建筑工程建筑面积计算规范》GB/T 50353—2013里没有关于回廊的概念定义，园林建筑的回廊对照其形式可按3.0.14条有围护设施（或柱）的檐廊，应按其围护设施（或柱）外围水平面积计算1/2面积。

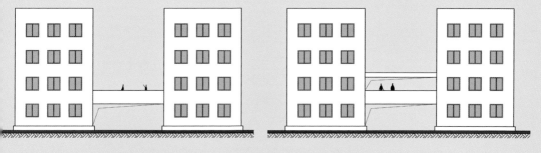

（a）无顶盖无围护结构　　　　　　　（b）有顶盖无围护结构1

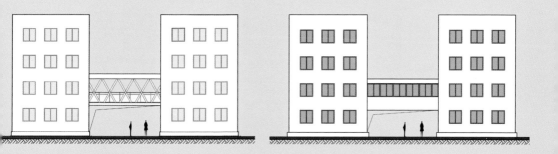

（c）有顶盖无围护结构2　　　　　　　（d）有顶盖有围护结构

2.0.12 架空走廊　　elevated corridor

专门设置在建筑物的二层或二层以上，作为不同建筑物之间水平交通的空间。

架空走廊分无顶盖无围护结构、有顶盖无围护结构、有顶盖有围护结构等不同形式，对应不同的面积计算规则。

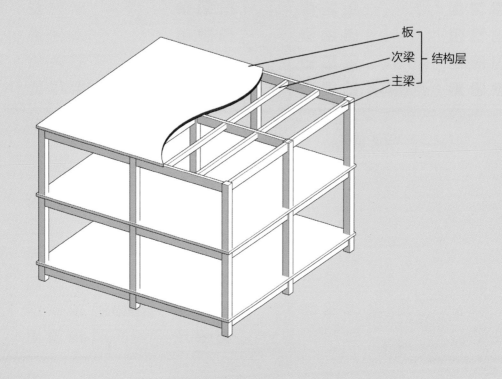

板 ┐
次梁 ├ 结构层
主梁 ┘

2.0.13 结构层　　structure layer

整体结构体系中承重的楼板层。

【条文说明】

2.0.13 特指整体结构体系中承重的楼层，包括板、梁等构件。结构层承受整个楼层的全部荷载，并对楼层的隔声、防火等起主要作用。

建筑物某楼层的上部与下部因平面使用功能不同，故采用不同的结构类型，并通过该楼层进行结构转换，该楼层称为结构转换层，属于特殊的结构层。

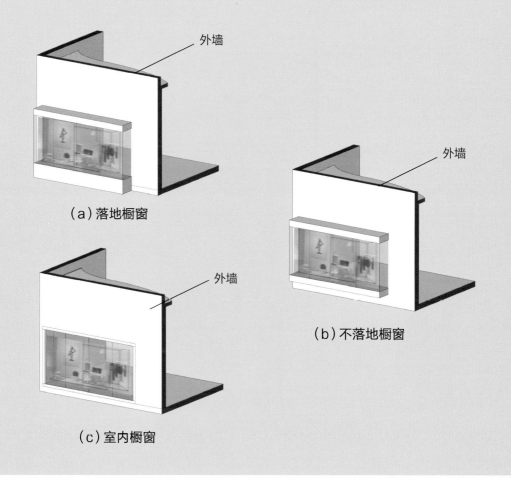

（a）落地橱窗

（b）不落地橱窗

（c）室内橱窗

2.0.14　落地橱窗　　　french window

突出外墙面且根基落地的橱窗。

【条文说明】

2.0.14　落地橱窗是指在商业建筑临街面设置的下槛落地、可落在室外地坪也可落在室内首层地板，用来展览各种样品的玻璃窗。

不落地橱窗的面积计算方式参照凸窗（飘窗）计算，室内橱窗的面积按照室内空间计算规则计算。

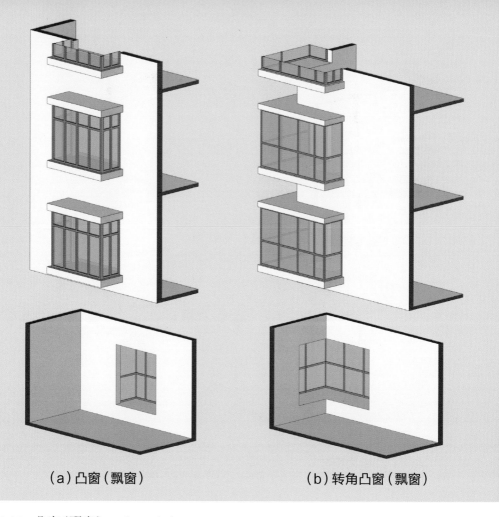

（a）凸窗（飘窗）　　　　　　　（b）转角凸窗（飘窗）

2.0.15　凸窗（飘窗）　　　bay window

凸出建筑物外墙面的窗户。

【条文说明】

2.0.15　凸窗（飘窗）既作为窗，就有别于楼（地）板的延伸，也就是不能把楼（地）板延伸出去的窗称为凸窗（飘窗）。凸窗（飘窗）的窗台应只是墙面的一部分且距楼（地）面有一定高度。

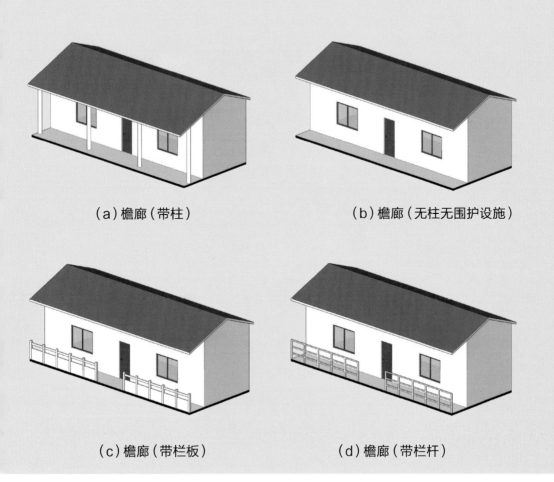

（a）檐廊（带柱）

（b）檐廊（无柱无围护设施）

（c）檐廊（带栏板）

（d）檐廊（带栏杆）

2.0.16 檐廊 eaves gallery

建筑物挑檐下的水平交通空间。

【条文说明】

2.0.16 檐廊是附属于建筑物底层、外墙有屋檐作为顶盖，其下部一般有柱或栏杆、栏板等水平交通空间。

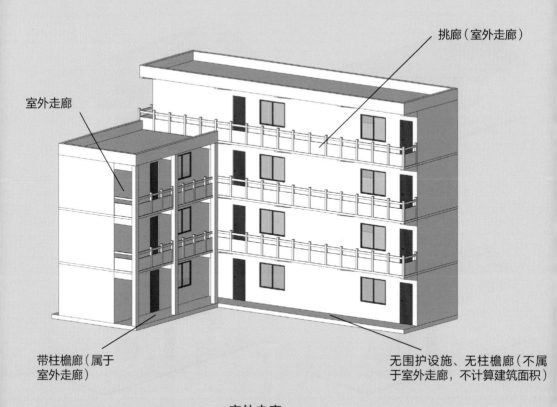

室外走廊

挑廊（室外走廊）

室外走廊

带柱檐廊（属于
室外走廊）

无围护设施、无柱檐廊（不属
于室外走廊，不计算建筑面积）

室外走廊

2.0.17 挑廊 overhanging corridor

挑出建筑物外墙的水平交通空间。

挑廊（室外走廊）、檐廊都是室外水平交通空间。其中挑廊是悬挑的水平交通空间；檐廊是底层的水平交通空间，由屋檐或挑廊作为顶盖，且一般有柱或栏杆、栏板等。底层无围护设施但有柱的室外走廊可参照檐廊的规则计算建筑面积。

无论哪一种廊，除必要的地面结构外，还必须有栏杆、栏板等围护设施或柱，这两个条件缺一不可，缺少任何一个条件都不计算建筑面积。

挑廊、檐廊虽然都算1/2面积，但取定的计算部位不同：挑廊按结构底板计算，檐廊按围护设施或柱外围计算。

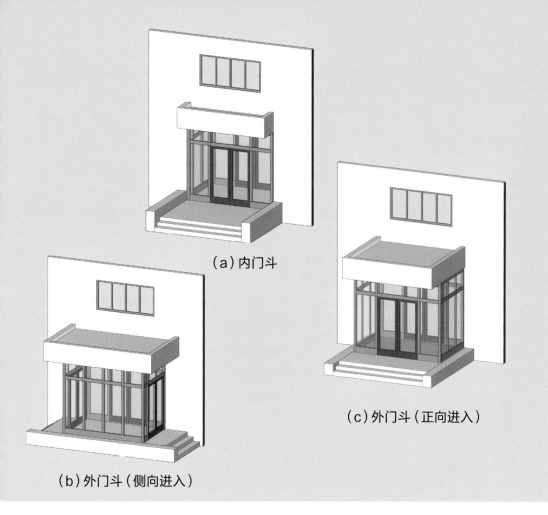

（a）内门斗

（c）外门斗（正向进入）

（b）外门斗（侧向进入）

2.0.18 门斗 air lock

建筑物入口处两道门之间的空间。

门斗是在房屋或厅室的入口处设置的一个必经的小间，有保温隔热的作用，防止在打开外门时冷或热空气直接侵入室内。根据需要可以做成不突出主墙外的内门斗和突出主墙外的外门斗，进入门斗的方式可为正向进入和侧向进入。

很多公共建筑设置旋转门，实现了"人在经过隔绝空间时，一扇门关闭后，另一扇门再打开"这个原则，避免出现两个人同时打开两扇门从而导致空气短暂侵入室内的情况，对于防风沙、保持室内温度更有效。但旋转门因为对人流在单位时间内的通过数量有限，不能作为建筑物的安全疏散出口，所以一般在附近另外设置普通门供疏散使用。

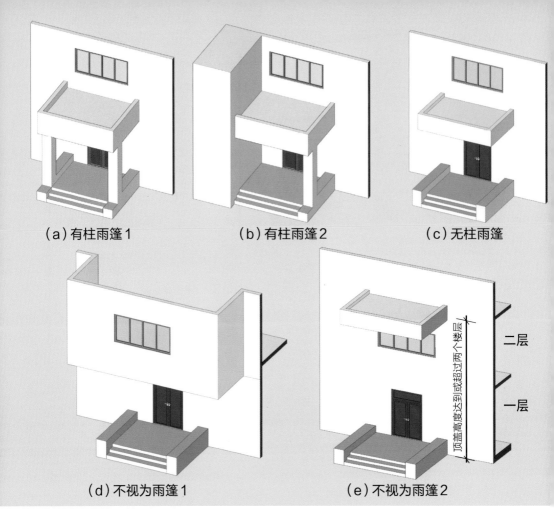

（a）有柱雨篷1　　　　　　（b）有柱雨篷2　　　　　　（c）无柱雨篷

（d）不视为雨篷1　　　　　　　　　（e）不视为雨篷2

2.0.19 雨篷　　canopy

　　建筑出入口上方为遮挡雨水而设置的部件。

【条文说明】

2.0.19 雨篷是指建筑物出入口上方、凸出墙面、为遮挡雨水而单独设立的建筑部件。雨篷划分为有柱雨篷（包括独立柱雨篷、多柱雨篷、柱墙混合支撑雨篷、墙支撑雨篷）和无柱雨篷（悬挑雨篷）。如凸出建筑物，且不单独设立顶盖，利用上层结构板（如楼板、阳台底板）进行遮挡，则不视为雨篷，不计算建筑面积。对于无柱雨篷，如顶盖高度达到或超过两个楼层时，也不视为雨篷，不计算建筑面积。

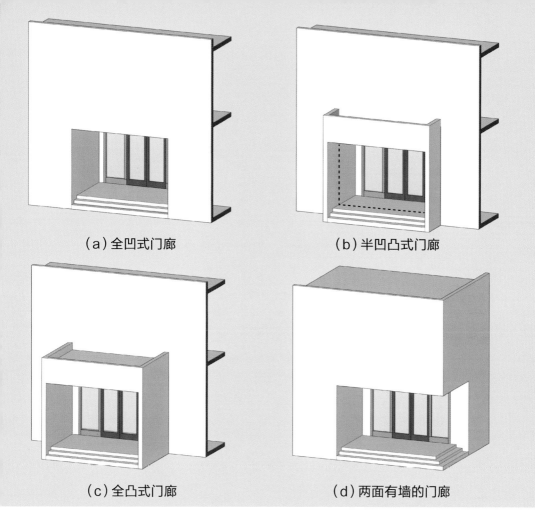

（a）全凹式门廊　　　　　　　（b）半凹凸式门廊

（c）全凸式门廊　　　　　　　（d）两面有墙的门廊

2.0.20　门廊　　porch

　　建筑物入口前有顶棚的半围合空间。

【条文说明】

2.0.20　门廊是在建筑物出入口，无门，三面或二面有墙，上部有板（或借用上部楼板）围护的部位。

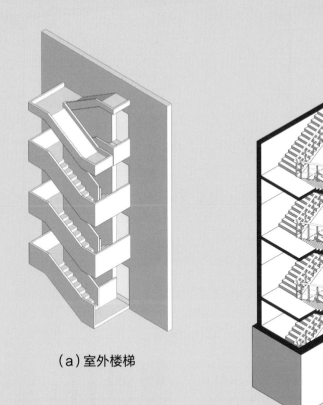

（a）室外楼梯

（b）室内楼梯

2.0.21 楼梯 stairs

由连续行走的梯级、休息平台和围护安全的栏杆（或栏板）、扶手以及相应的支托结构组成的作为楼层之间垂直交通使用的建筑部件。

注意楼梯和台阶的区别，楼梯是架设在楼层之间的建筑部件，台阶是连接室内错层楼（地）面或不同高度室内地面与室外地坪的过渡设施。

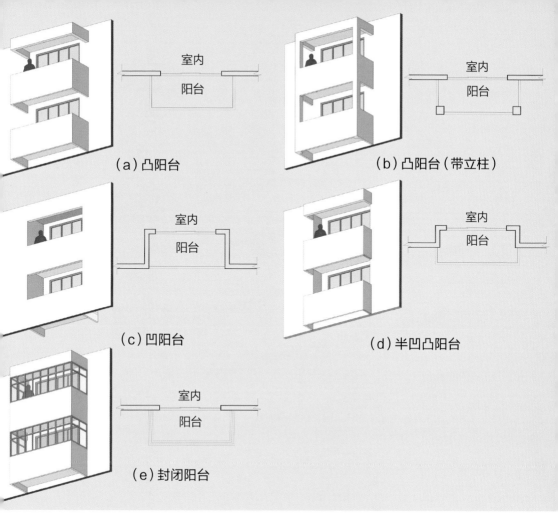

（a）凸阳台　　　　　　　　　　　（b）凸阳台（带立柱）

（c）凹阳台　　　　　　　　　　　（d）半凹凸阳台

（e）封闭阳台

2.0.22 阳台　　　balcony

　　附设于建筑物外墙，设有栏杆或栏板，可供人活动的室外空间。

　　阳台按与建筑外墙位置关系可分为凸阳台、凹阳台和半凹凸阳台，按开敞性可分为开敞阳台和封闭阳台。

　　注意阳台和露台的区别。阳台是建筑物室内的延伸，具有永久性的顶盖；露台是可供人室外活动的有围护设施无上盖的屋面平台。

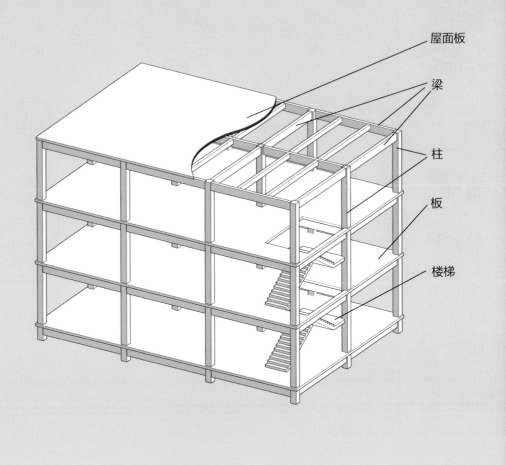

屋面板

梁

柱

板

楼梯

2.0.23 主体结构 major structure

接受、承担和传递建设工程所有上部荷载，维持上部结构整体性、稳定性和安全性的有机联系的构造。

主体结构一般包括柱、剪力墙、梁、楼面板、屋面梁和屋面板，涉及结构安全的楼梯也属于主体结构。

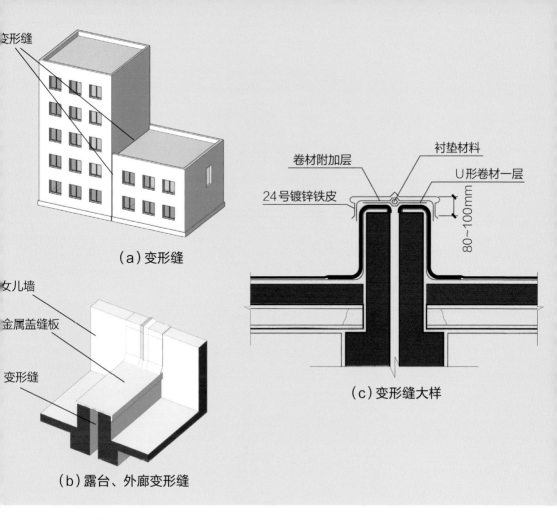

变形缝

（a）变形缝

女儿墙

金属盖缝板

变形缝

卷材附加层

衬垫材料

24号镀锌铁皮

U形卷材一层

80~100mm

（c）变形缝大样

（b）露台、外廊变形缝

2.0.24 变形缝　　deformation joint

防止建筑物在某些因素作用下引起开裂甚至破坏而预留的构造缝。

【条文说明】

2.0.24 变形缝是指在建筑物因温差、不均匀沉降以及地震而可能引起结构破坏变形的敏感部位或其他必要的部位，预先设缝将建筑物断开，令断开后建筑物的各部分成为独立的单元，或者是划分为简单、规则的段，并令各段之间的缝达到一定的宽度，以便适应变形的需要。根据外界破坏因素的不同，变形缝一般分为伸缩缝、沉降缝、抗震缝三种。

有些建筑需要同时设置这三种变形缝，一般尽量综合考虑，采用"三缝合一"处理。在采用三缝合一的情况下，缝宽按照抗震缝宽度处理，基础按沉降缝断开。

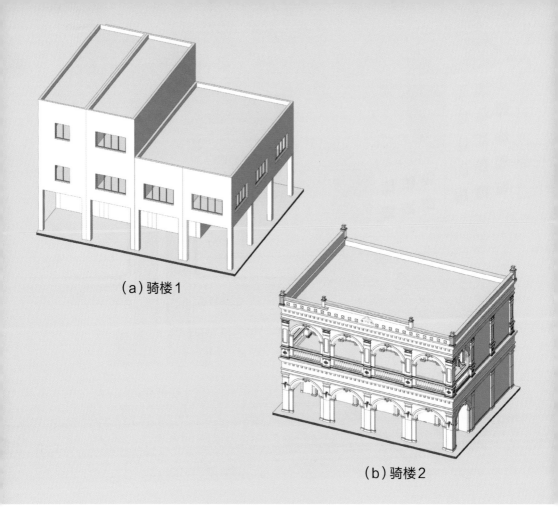

（a）骑楼1

（b）骑楼2

2.0.25　骑楼　overhang
　　建筑底层沿街面后退且留出公共人行空间的建筑物。

【条文说明】
2.0.25　骑楼是指沿街二层以上用承重柱支撑骑跨在公共人行空间之上，其底层沿街面后退的建筑物。

　　骑楼突出的是对沿街面行人具有道路性行走用途的功能，区别于小区底层架空以活动为主的功能。

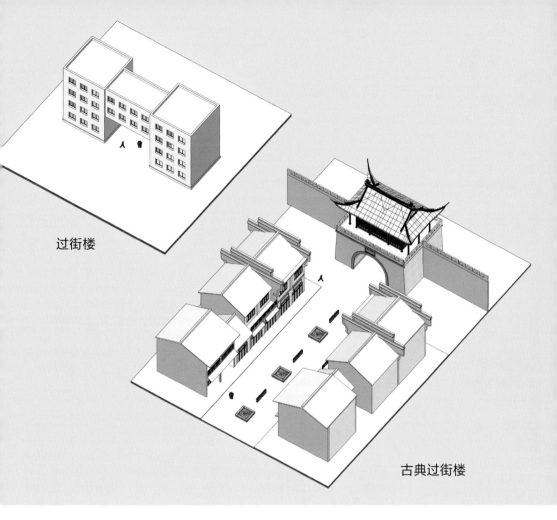

过街楼

古典过街楼

2.0.26 过街楼 overhead building

跨越道路上空并与两边建筑相连接的建筑物。

【条文说明】

2.0.26 过街楼是指当有道路在建筑群穿过时为保证建筑物之间的功能联系，设置跨越道路上空使两边建筑相连接的建筑物。

裙楼上连接两栋塔楼的建筑物下面没有道路，该建筑物不是过街楼。例如连接北京西站东西塔楼的建筑物因下面没有道路，故不是过街楼。

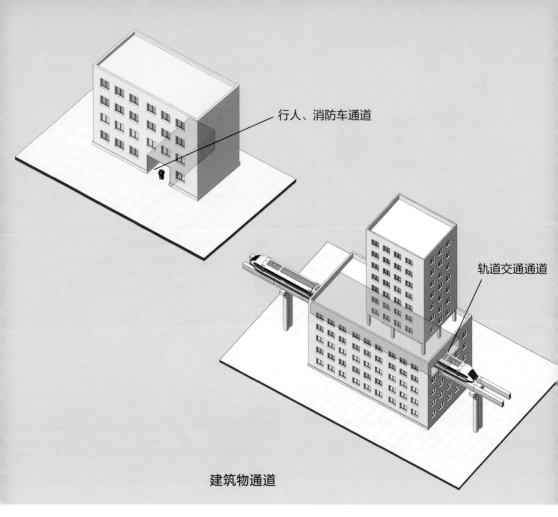

行人、消防车通道

轨道交通通道

建筑物通道

2.0.27 建筑物通道 passage

为穿过建筑物而设置的空间。

建筑物通道主要方便行人通行、消防疏散及作为消防车通行使用。

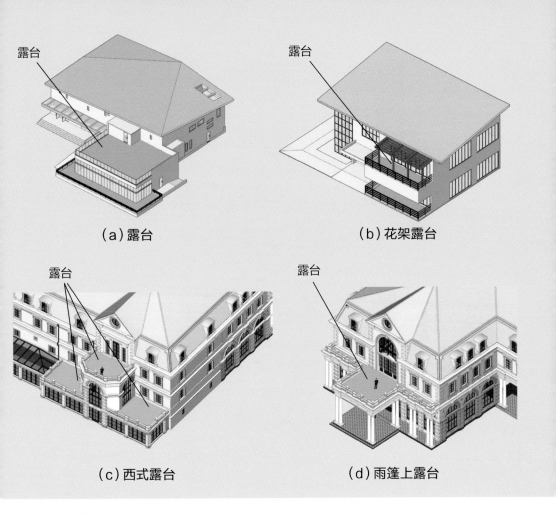

（a）露台　　　　　　　　　　　　（b）花架露台

（c）西式露台　　　　　　　　　　（d）雨篷上露台

2.0.28 露台　　terrace

　　设置在屋面、首层地面或雨篷上的供人室外活动的有围护设施的平台。

【条文说明】

2.0.28 露台应满足四个条件：一是位置，设置在屋面、地面或雨篷顶；二是可出入；三是有围护设施；四是无盖。这四个条件须同时满足。如果设置在首层并有围护设施的平台，且其上层为同体量阳台，则该平台应视为阳台，按阳台的规则计算建筑面积。

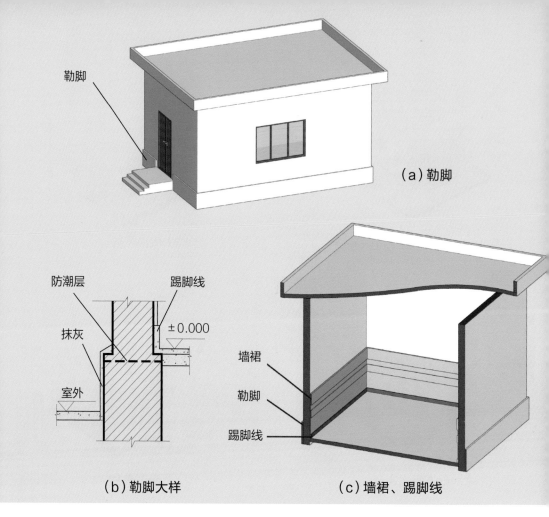

（a）勒脚

防潮层　　　踢脚线

抹灰

± 0.000

室外

（b）勒脚大样

墙裙

勒脚

踢脚线

（c）墙裙、踢脚线

2.0.29　勒脚　　plinth

在房屋外墙接近地面部位设置的饰面保护构造。

为了防止雨水反溅到墙面造成腐蚀破坏，结构设计中对窗台以下的一定高度范围内进行外墙加厚，这段加厚部分称为勒脚。

勒脚和墙裙、踢脚的区别：墙裙多设于内墙，高度一般为900～1500mm，材质比内墙耐磨易洁，起到保护墙体作用，同时兼有装饰效果；踢脚（踢脚线、踢脚板）是内墙或走廊外墙与楼地面交接处防止墙面污染，兼作地毯或木地板的收口遮盖构造，一般高度为80～150mm。

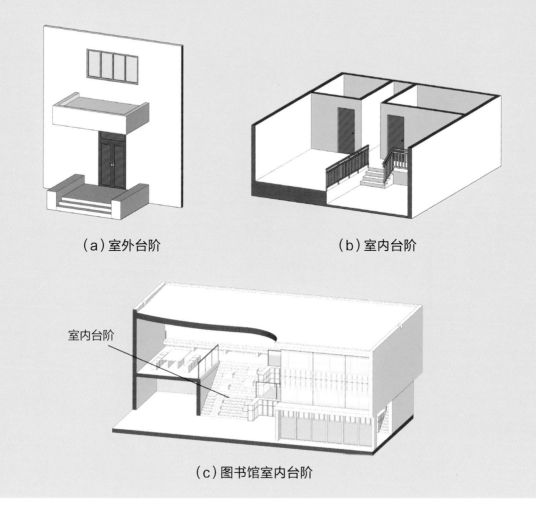

（a）室外台阶　　　　　　　　　　（b）室内台阶

室内台阶

（c）图书馆室内台阶

2.0.30 *台阶* step
　　联系室内外地坪或同楼层不同标高而设置的阶梯形踏步。

【条文说明】
2.0.30　台阶是指建筑物出入口不同标高地面或同楼层不同标高处设置的供人行走的阶梯式连接构件。室外台阶还包括与建筑物出入口连接处的平台。

　　架空的阶梯形踏步，起点至终点的高度达到该建筑物一个自然层及以上的称为楼梯，在一个自然层以内的称为台阶。台阶不仅是连结两个不同高差的地坪、楼层的构造部件，还可以对空间进行限定、分割、延续并赋予使用功能等，如入口台阶划分了室内外领域，很多图书馆连接楼层高差的室内大台阶可供停坐阅读等。

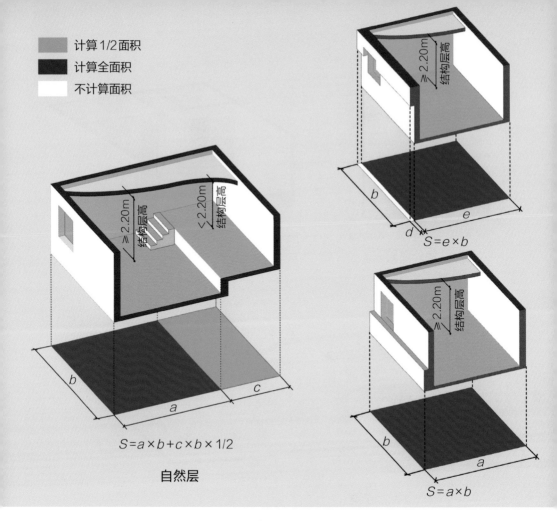

≥2.20m 结构层高

<2.20m 结构层高

≥2.20m 结构层高

≥2.20m 结构层高

$S=e \times b$

$S=a \times b+c \times b \times 1/2$

自然层

$S=a \times b$

3 计算建筑面积的规定

3.0.1 建筑物的建筑面积应按自然层外墙结构外围水平面积之和计算。结构层高在2.20m及以上的，应计算全面积；结构层高在2.20m以下的，应计算1/2面积。

【条文说明】

3.0.1 建筑面积计算，在主体结构内形成的建筑空间，满足计算面积结构层高要求的均应按本条规定计算建筑面积。主体结构外的室外阳台、雨篷、檐廊、室外走廊、室外楼梯等按相应条款计算建筑面积。当外墙结构本身在一个层高范围内不等厚时，以楼地面结构标高处的外围水平面积计算。

（转下页）

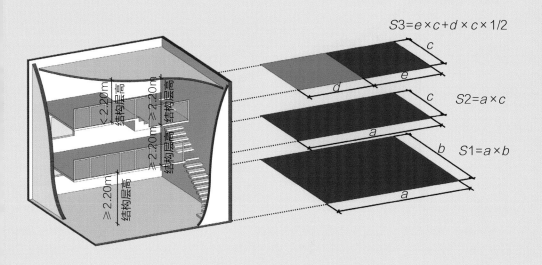

图中标注：
- 计算1/2面积（浅色）
- 计算全面积（深色）

结构层高<2.20m
结构层高≥2.20m
结构层高≥2.20m
结构层高≥2.20m

$S3 = e \times c + d \times c \times 1/2$

$S2 = a \times c$

$S1 = a \times b$

局部楼层

（接上页）建筑平面图是假想水平剖切面沿略高于窗台适当高度剖切后所作的水平剖视图。当外墙结构在一个层高范围内不等厚时，建筑平面被剖的窗墙外轮廓线并不能准确包络该层建筑面积，故应以楼地面结构标高处的外围水平面积计算。

3.0.2 建筑物内设有局部楼层时，对于局部楼层的二层及以上楼层，有围护结构的应按其围护结构外围水平面积计算，无围护结构的应按其结构底板水平面积计算。结构层高在2.20m及以上的，应计算全面积；结构层高在2.20m以下的，应计算1/2面积。

【条文说明】

3.0.2 建筑物内的局部楼层见图1。

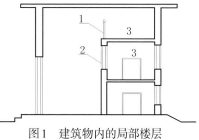

图1　建筑物内的局部楼层
1—围护设施；2—围护结构；3—局部楼层

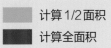

计算1/2面积

计算全面积

不计算面积

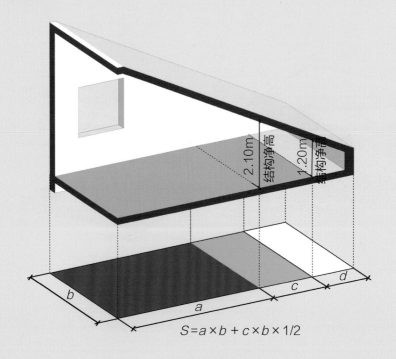

$$S=a×b+c×b×1/2$$

坡屋顶空间

3.0.3 形成建筑空间的坡屋顶，结构净高在2.10m及以上的部位应计算全面积；结构净高在1.20m及以上至2.10m以下的部位应计算1/2面积；结构净高在1.20m以下的部位不应计算建筑面积。

平屋面考虑结构层高，结构层高大于等于2.20m计算全面积；坡屋面考虑结构净高，结构净高大于等于2.10m计算全面积。

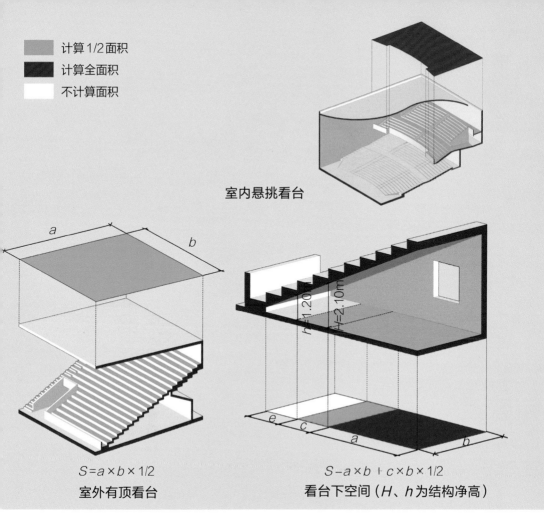

图例:
- 计算1/2面积
- 计算全面积
- 不计算面积

室内悬挑看台

$S=a×b×1/2$

室外有顶看台

$S-a×b+c×b×1/2$

看台下空间（H、h为结构净高）

3.0.4 场馆看台下的建筑空间，结构净高在2.10m及以上的部位应计算全面积；结构净高在1.20m及以上至2.10m以下的部位应计算1/2面积；结构净高在1.20m以下的部位不应计算建筑面积。室内单独设置的有围护设施的悬挑看台，应按看台结构底板水平投影面积计算建筑面积。有顶盖无围护结构的场馆看台应按其顶盖水平投影面积的1/2计算面积。

【条文说明】

3.0.4 场馆看台下的建筑空间因其上部结构多为斜板，所以采用净高的尺寸划定建筑面积的计算范围和对应规则。室内单独设置的有围护设施的悬挑看台，因其看台上部设有顶盖且可供人使用，所以按看台板的结构底板水平投影计算建筑面积。"有顶盖无围护结构的场馆看台"中所称的"场馆"为专业术语，指各种"场"类建筑，如：体育场、足球场、网球场、带看台的风雨操场等。

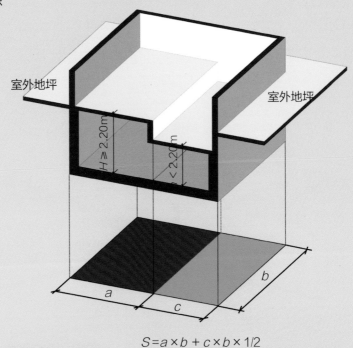

计算1/2面积
计算全面积

室外地坪

室外地坪

$H \geqslant 2.20m$

$h < 2.20m$

a

c

b

$$S = a \times b + c \times b \times 1/2$$

地下室、半地下室（H、h 为结构层高）

3.0.5 地下室、半地下室应按其结构外围水平面积计算。结构层高在2.20m及以上的，应计算全面积；结构层高在2.20m以下的，应计算1/2面积。

【条文说明】

3.0.5 地下室作为设备、管道层按本规范第3.0.26条执行，地下室的各种竖向井道按本规范第3.0.19条执行，地下室的围护结构不垂直于水平面的按本规范第3.0.18条规定执行。

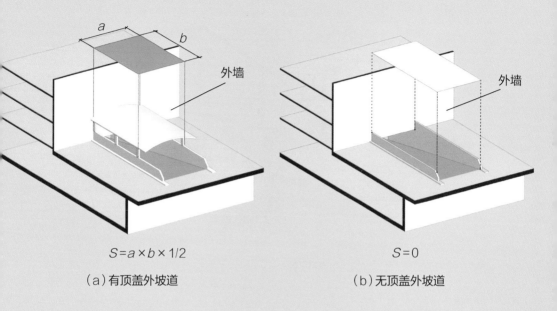

計算1/2面積

不計算面積

外墙

外墙

$S=a×b×1/2$

（a）有顶盖外坡道

$S=0$

（b）无顶盖外坡道

外墙外侧坡道

3.0.6 出入口外墙外侧坡道有顶盖的部位，应按其外墙结构外围水平面积的1/2计算面积。

【条文说明】

3.0.6 出入口坡道分有顶盖出入口坡道和无顶盖出入口坡道，出入口坡道顶盖的挑出长度，为顶盖结构外边线至外墙结构外边线的长度；顶盖以设计图纸为准，对后增加及建设单位自行增加的顶盖等，不计算建筑面积。顶盖不分材料种类（如钢筋混凝土顶盖、彩钢板顶盖、阳光板顶盖等）。地下室出入口见图2。

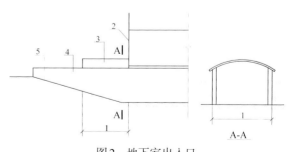

图2 地下室出入口

1—计算1/2投影面积部位；2—主体建筑；3—出入口顶盖；
4—封闭出入口侧墙；5—出入口坡道

■ 计算1/2面积
■ 计算全面积

$$S = a \times b + c \times b \times 1/2$$

架空层（H、h为结构层高）

3.0.7 建筑物架空层及坡地建筑物吊脚架空层，应按其顶板水平投影计算建筑面积。结构层高在2.20m及以上的，应计算全面积；结构层高在2.20m以下的，应计算1/2面积。

【条文说明】

3.0.7 本条既适用于建筑物吊脚架空层、深基础架空层建筑面积的计算，也适用于目前部分住宅、学校教学楼等工程在底层架空或在二楼及以上某个甚至多个楼层架空，作为公共活动、停车、绿化等空间的建筑面积的计算。架空层中有围护结构的建筑空间按相关规定计算。建筑物吊脚架空层见图3。

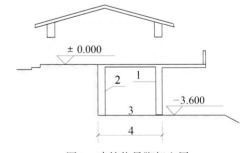

图3 建筑物吊脚架空层
1—柱；2—墙；3—吊脚架空层；4—计算建筑面积部

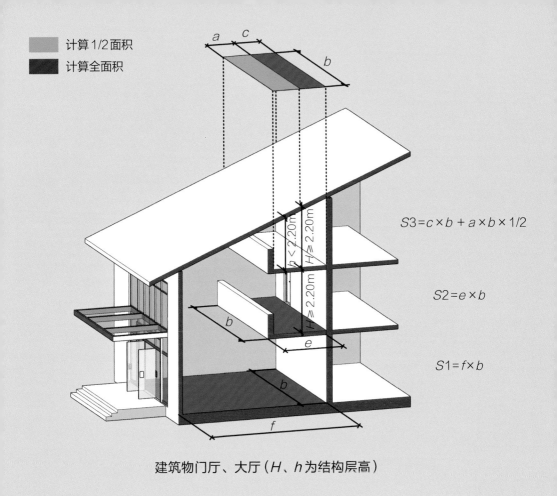

計算1/2面积
計算全面积

$S3 = c \times b + a \times b \times 1/2$

$S2 = e \times b$

$S1 = f \times b$

建筑物门厅、大厅（H、h为结构层高）

3.0.8 建筑物的门厅、大厅应按一层计算建筑面积，门厅、大厅内设置的走廊应按走廊结构底板水平投影面积计算建筑面积。结构层高在2.20m及以上的，应计算全面积；结构层高在2.20m以下的，应计算1/2面积。

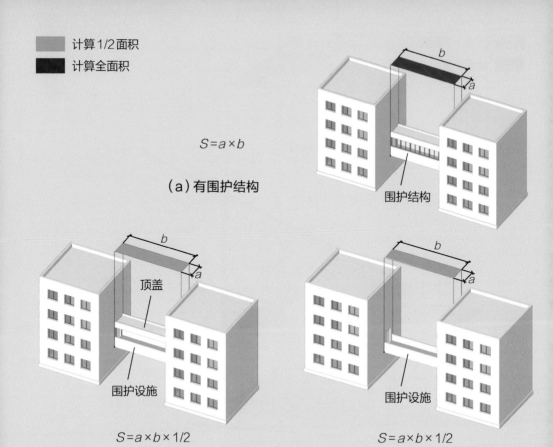

计算1/2面积

计算全面积

$S = a \times b$

（a）有围护结构

围护结构

顶盖

围护设施

$S = a \times b \times 1/2$

围护设施

$S = a \times b \times 1/2$

（b）无围护结构、有围护设施

3.0.9 建筑物间的架空走廊，有顶盖和围护结构的，应按其围护结构外围水平面积计算全面积；无围护结构、有围护设施的，应按其结构底板水平投影面积计算1/2面积。

【条文说明】

3.0.9 无围护结构的架空走廊见图4，有围护结构的架空走廊见图5。

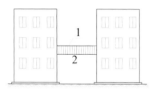

图4 无围护结构的架空走廊
1—栏杆；2—架空走廊

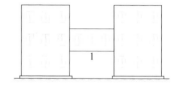

图5 有围护结构的架空走廊
1—架空走廊

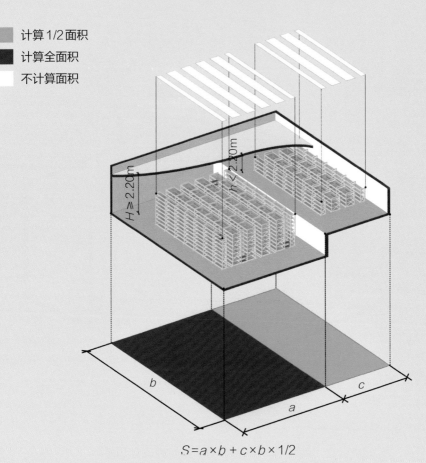

図 计算1/2面积
■ 计算全面积
□ 不计算面积

$$S = a \times b + c \times b \times \frac{1}{2}$$

立体书库、立体仓库（H、h 为结构层高）

3.0.10 立体书库、立体仓库、立体车库，有围护结构的，应按其围护结构外围水平面积计算建筑面积；无围护结构、有围护设施的，应按其结构底板水平投影面积计算建筑面积。无结构层的应按一层计算，有结构层的应按其结构层面积分别计算。结构层高在 2.20m 及以上的，应计算全面积；结构层高在 2.20m 以下的，应计算 1/2 面积。

【条文说明】
3.0.10 本条主要规定了图书馆中的立体书库、仓储中心的立体仓库、大型停车场的立体车库等建筑的建筑面积计算规则。起局部分隔、存储等作用的书架层、货架层或可升降的立体钢结构停车层均不属于结构层，故该部分分层不计算建筑面积。

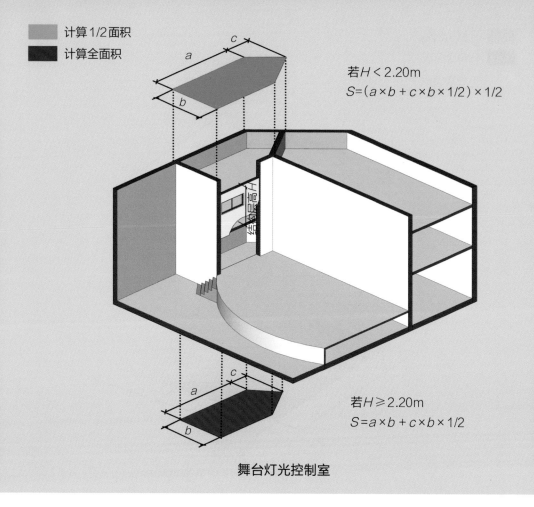

图例：
计算1/2面积
计算全面积

若 $H < 2.20$m
$S = (a \times b + c \times b \times 1/2) \times 1/2$

若 $H \geqslant 2.20$m
$S = a \times b + c \times b \times 1/2$

舞台灯光控制室

3.0.11 有围护结构的舞台灯光控制室，应按其围护结构外围水平面积计算。结构层高在2.20m及以上的，应计算全面积；结构层高在2.20m以下的，应计算1/2面积。

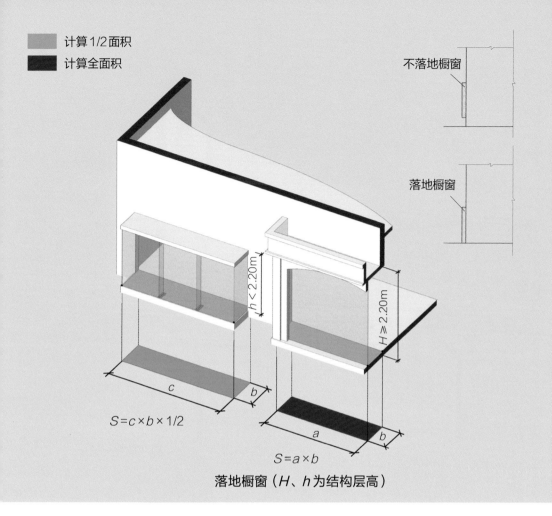

计算1/2面积

计算全面积

不落地橱窗

落地橱窗

$h < 2.20m$

$H \geq 2.20m$

$S = c \times b \times 1/2$

c　b

$S = a \times b$

a　b

落地橱窗（H、h为结构层高）

3.0.12 附属在建筑物外墙的落地橱窗，应按其围护结构外围水平面积计算。结构层高在2.20m及以上的，应计算全面积；结构层高在2.20m以下的，应计算1/2面积。

在建筑物主体结构内的橱窗，其建筑面积随自然层一起计算，不执行本条款。在建筑物结构外的橱窗，属于建筑物的附属结构，"附属在建筑物外墙"明确体现了这个含义。"落地"系指该橱窗下设置有基础。由于"附属在建筑物外墙的落地橱窗"顶板、底板标高不一定与自然层的划分一致，故此条单列，未随自然层一起规定。如橱窗无基础，为悬挑式，按3.0.13凸窗（飘窗）的规定计算建筑面积。

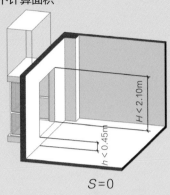

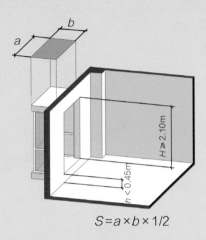

$$S = a \times b \times 1/2$$

（a）窗台 $h < 0.45\text{m}$，结构净高 $H < 2.10\text{m}$　　（b）窗台 $h < 0.45\text{m}$，结构净高 $H \geqslant 2.10$

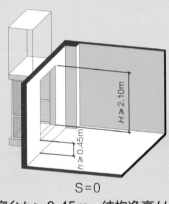

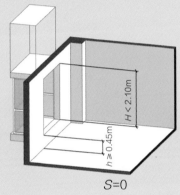

（c）窗台 $h \geqslant 0.45\text{m}$，结构净高 $H \geqslant 2.10\text{m}$　　（d）窗台 $h \geqslant 0.45\text{m}$，结构净高 $H < 2.$

3.0.13 窗台与室内楼地面高差在0.45m以下且结构净高在2.10m及以上的凸窗（飘窗），应按其围护结构外围水平面积计算1/2面积。

h 为窗台与室内楼地面的高差，H 为凸窗（飘窗）的结构净高。凸窗（飘窗）须同时满足两个条件方能计算建筑面积：一是窗台与室内楼地面结构高差（h）在0.45m以下，二是结构净高（H）在2.10m及以上。

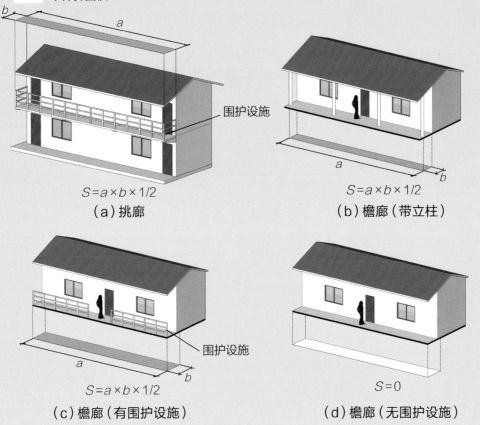

图例：
- 计算1/2面积（灰色）
- 不计算面积（白色）

$S=a \times b \times 1/2$

（a）挑廊

围护设施

$S=a \times b \times 1/2$

（b）檐廊（带立柱）

$S=a \times b \times 1/2$

（c）檐廊（有围护设施）

围护设施

$S=0$

（d）檐廊（无围护设施）

3.0.14 有围护设施的室外走廊（挑廊），应按其结构底板水平投影面积计算1/2面积；有围护设施（或柱）的檐廊，应按其围护设施（或柱）外围水平面积计算1/2面积。

【条文说明】

3.0.14 檐廊见图6。

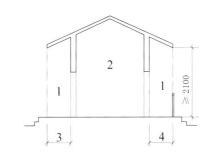

图6 檐廊
1—檐廊；2—室内；3—不计算建筑面积部位；
4—计算1/2建筑面积部位

计算1/2面积
计算全面积

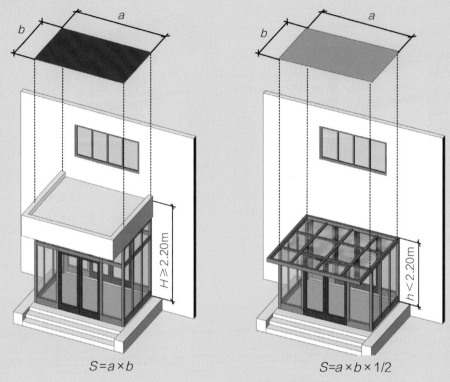

$S=a×b$

$S=a×b×1/2$

门斗（H、h为结构层高）

3.0.15 门斗应按其围护结构外围水平面积计算建筑面积。结构层高在2.20m及以上的，应计算全面积；结构层高在2.20m以下的，应计算1/2面积。

【条文说明】

3.0.15 门斗见图7。

门斗是建筑物出入口两道门之间的空间，是有顶盖和围护结构的全围合空间。门廊、雨篷至少有一面不围合。

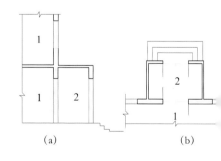

(a)   (b)

图7 门斗
1—室内；2—门斗

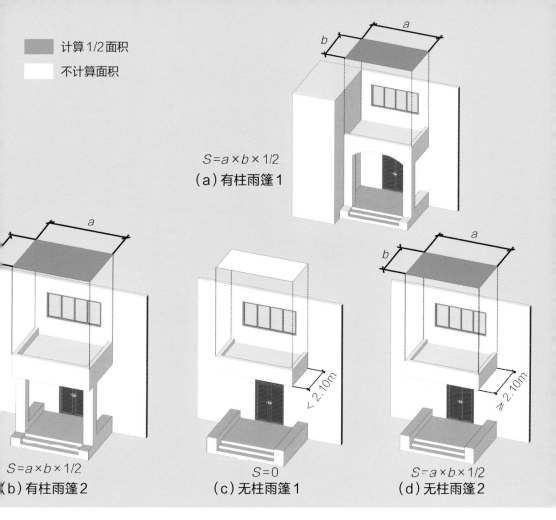

图例：
■ 计算1/2面积
□ 不计算面积

$S=a\times b\times 1/2$
（a）有柱雨篷1

$S=a\times b\times 1/2$
（b）有柱雨篷2

$S=0$
（c）无柱雨篷1

$S=a\times b\times 1/2$
（d）无柱雨篷2

3.0.16 门廊应按其顶板水平投影面积的1/2计算建筑面积；有柱雨篷应按其结构板水平投影面积的1/2计算建筑面积；无柱雨篷的结构外边线至外墙结构外边线的宽度在2.10m及以上的，应按雨篷结构板水平投影面积的1/2计算建筑面积。

【条文说明】

3.0.16 雨篷分为有柱雨篷和无柱雨篷。有柱雨篷，没有出挑宽度的限制，也不受跨越层数的限制，均计算建筑面积。无柱雨篷，其结构板不能跨层，并受出挑宽度的限制，设计出挑宽度大于或等于2.10m时才计算建筑面积。出挑宽度，系指雨篷结构外边线至外墙结构外边线的宽度，弧形或异形时，取最大宽度。

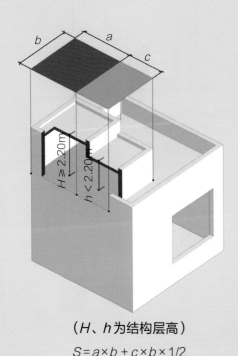

計算1/2面積
計算全面積

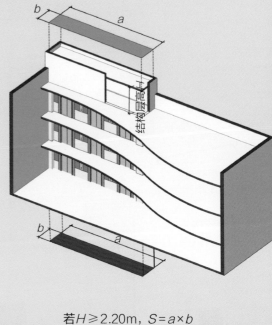

（H、h为结构层高）

$S = a×b + c×b×1/2$

若$H \geqslant 2.20m$, $S = a×b$

若$H < 2.20m$, $S = a×b × 1/2$

3.0.17 设在建筑物顶部的、有围护结构的楼梯间、水箱间、电梯机房等，结构层高在2.20m及以上的应计算全面积；结构层高在2.20m以下的，应计算1/2面积。

如遇建筑物屋顶的楼梯间是坡屋顶，应按坡屋顶的相关条文计算面积。

3.0.18 围护结构不垂直于水平面的楼层，应按其底板面的外墙外围水平面积计算。结构净高在2.10m及以上的部位，应计算全面积；结构净高在1.20m及以上至2.10m以下的部位，应计算1/2面积；结构净高在1.20m以下的部位，不应计算建筑面积。

（转下页）

計算1/2面積

計算全面積

不計算面積

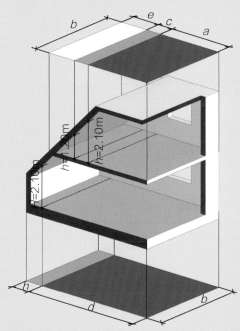

$S2 = a \times b + c \times b \times 1/2$

$S1 = d \times b + h \times b \times 1/2$

斜围护结构（H、h为结构净高）

（接上页）【条文说明】

3.0.18 《建筑工程建筑面积计算规范》GB/T 50353—2005条文中仅对围护结构向外倾斜的情况进行了规定，本次修订后的条文对于向内、向外倾斜均适用。在划分高度上，本条使用的是结构净高，与其他正常平楼层按层高划分不同，但与斜屋面的划分原则一致。由于目前很多建筑设计追求新、奇、特，造型越来越复杂，很多时候根本无法明确区分什么是围护结构、什么是屋顶，因此对于斜围护结构与斜屋顶采用相同的计算规则，即只要外壳倾斜，就按结构净高划段，分别计算建筑面积。斜围护结构见图8。

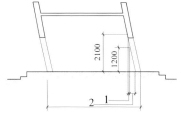

图8　斜围护结构

1—计算1/2建筑面积部位；
2—不计算建筑面积部位

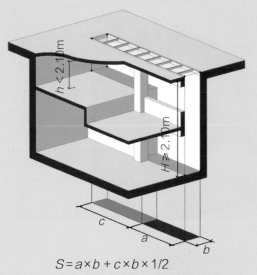

■ 计算1/2面积

■ 计算全面积

$S = a \times b + c \times b \times 1/2$

采光井（H、h 为结构净高）

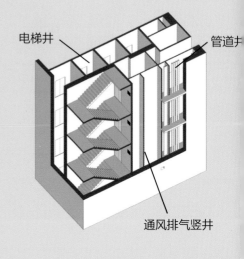

电梯井

管道井

通风排气竖井

室内井道按自然层计算

3.0.19 建筑物的室内楼梯、电梯井、提物井、管道井、通风排气竖井、烟道，应并入建筑物的自然层计算建筑面积。有顶盖的采光井应按一层计算面积，结构净高在2.10m及以上的，应计算全面积；结构净高在2.10m以下的，应计算1/2面积。

【条文说明】

3.0.19 建筑物的楼梯间层数按建筑物的层数计算。有顶盖的采光井包括建筑物中的采光井和地下室采光井。地下室采光井见图9。

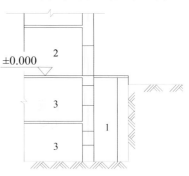

±0.000

2

3

3

1

图9　地下室采光井
1—采光井；2—室内；3—地下室

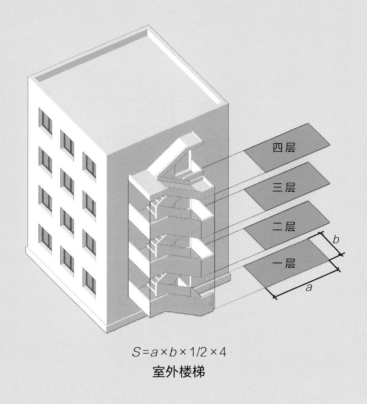

计算1/2面积
计算全面积

$S = a \times b \times 1/2 \times 4$

室外楼梯

3.0.20　室外楼梯应并入所依附建筑物自然层，并应按其水平投影面积的1/2计算建筑面积。

【条文说明】

3.0.20　室外楼梯作为连接该建筑物层与层之间交通不可缺少的基本部件，无论从其功能还是工程计价的要求来说，均需计算建筑面积。层数为室外楼梯所依附的楼层数，即梯段部分投影到建筑物范围的层数。利用室外楼梯下部的建筑空间不得重复计算建筑面积；利用地势砌筑的为室外踏步，不计算建筑面积。

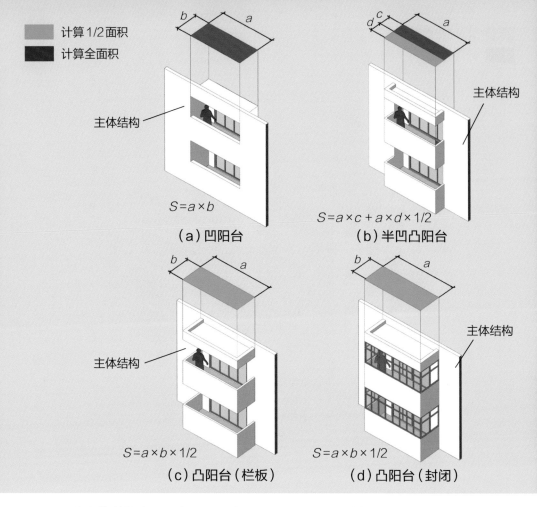

图例:
计算1/2面积
计算全面积

主体结构

$S = a \times b$

（a）凹阳台

主体结构

$S = a \times c + a \times d \times 1/2$

（b）半凹凸阳台

主体结构

$S = a \times b \times 1/2$

（c）凸阳台（栏板）

主体结构

$S = a \times b \times 1/2$

（d）凸阳台（封闭）

3.0.21　在主体结构内的阳台，应按其结构外围水平面积计算全面积；在主体结构外的阳台，应按其结构底板水平投影面积计算 1/2 面积。

【条文说明】

3.0.21　建筑物的阳台，不论其形式如何，均以建筑物主体结构为界分别计算建筑面积。

　　主体结构：1.框架及剪力墙结构：梁柱（剪力墙）体系包络线内为主体结构。2.混合结构：承重墙包络线内为主体结构。

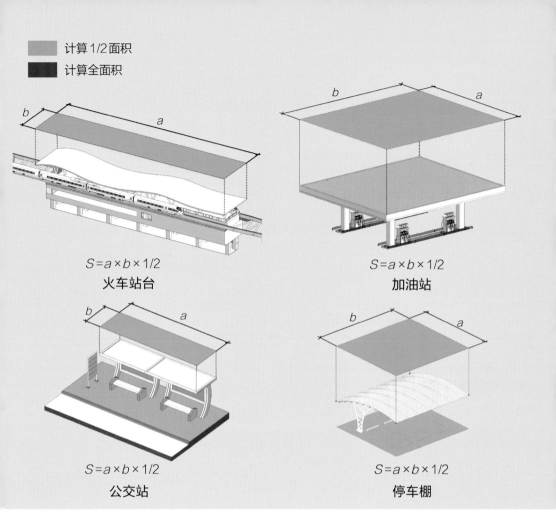

计算1/2面积

计算全面积

$S=a×b×1/2$

火车站台

$S=a×b×1/2$

加油站

$S=a×b×1/2$

公交站

$S=a×b×1/2$

停车棚

3.0.22 有顶盖无围护结构的车棚、货棚、站台、加油站、收费站等，应按其顶盖水平投影面积的1/2计算建筑面积。

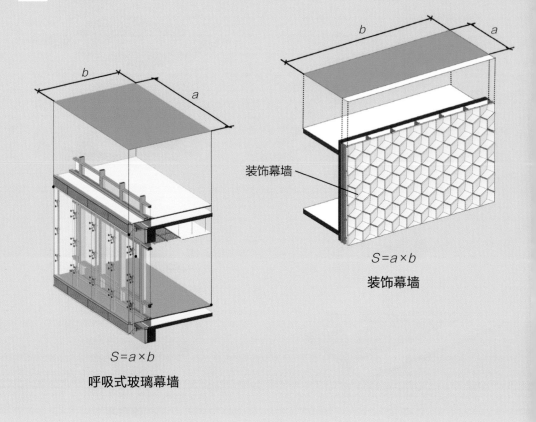

图例：
计算建筑面积
不计算面积

$S=a \times b$

呼吸式玻璃幕墙

装饰幕墙

$S=a \times b$

装饰幕墙

3.0.23 以幕墙作为围护结构的建筑物，应按幕墙外边线计算建筑面积。

【条文说明】

3.0.23 幕墙以其在建筑物中所起的作用和功能来区分。直接作为外墙起围护作用的幕墙按其外边线计算建筑面积；设置在建筑物墙体外起装饰作用的幕墙，不计算建筑面积。

围护性幕墙是直接作为外墙起围护作用的幕墙，如普通玻璃幕墙，起围护作用的幕墙应具备幕墙三性，即抗风性、水密性和气密性；装饰性幕墙是设置在建筑物墙体外起装饰作用的幕墙，如某些石材幕墙；智能呼吸式玻璃幕墙（双层幕墙）是两层幕墙及之间的空间共同构成外墙结构，因此应以外层幕墙外边线计算建筑面积。

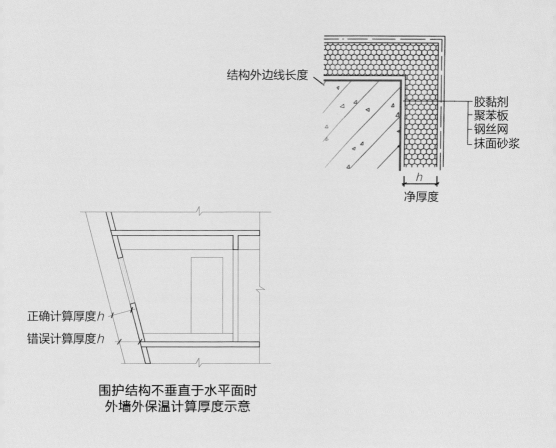

结构外边线长度

胶黏剂
聚苯板
钢丝网
抹面砂浆

h

净厚度

正确计算厚度h

错误计算厚度h

围护结构不垂直于水平面时
外墙外保温计算厚度示意

3.0.24 建筑物的外墙外保温层，应按其保温材料的水平截面积计算，并计入自然层建筑面积。

【条文说明】

3.0.24 为贯彻国家节能要求，鼓励建筑外墙采取保温措施，本规范将保温材料的厚度计入建筑面积，但计算方法较2005年规范有一定变化。建筑物外墙外侧有保温隔热层的，保温隔热层以保温材料的净厚度乘以外墙结构外边线长度按建筑物的自然层计算建筑面积，其外墙外边线长度不扣除门窗和建筑物外已计算建筑面积的构件（如阳台、室外走廊、门斗、落地橱窗等部件）所占长度。当建筑物外已计算建筑面积的构件（如阳台、室外走廊、门斗、落地橱窗等部件）有保温隔热层时，其保温隔热层也不再计算建筑面积。外墙是斜面者按楼面楼板处的外墙外边线长度乘以保温材料的净厚度计算。（转下页）

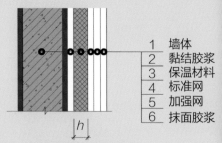

计算建筑面积

不计算面积

1 墙体
2 黏结胶浆
3 保温材料
4 标准网
5 加强网
6 抹面胶浆

计算建筑面积部位厚度h

外保温面积范围

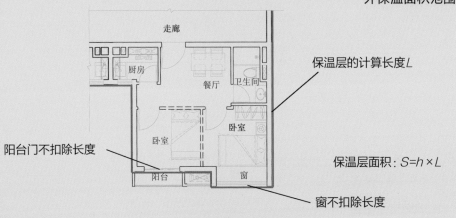

走廊

厨房

餐厅

卫生间

保温层的计算长度L

卧室

卧室

阳台门不扣除长度

阳台

窗

保温层面积：$S = h \times L$

窗不扣除长度

结构外边线长度计算

（接上页）外墙外保温以沿高度方向满铺为准，某层外墙外保温 铺设高度未达到全部高度时（不包括阳台、室外走廊、门斗、落地橱窗、雨篷、飘窗等），不计算建筑面积。保温隔热层的建筑面积是以保温隔热材料的厚度来计算的，不包含抹灰层、防潮层、保护层（墙）的厚度。建筑外墙外保温见图10。

一般建筑物的面积先按外墙计算，外保温层的建筑面积另行计算，并计入建筑面积；外保温层计算建筑面积以沿高度满铺为准。如地下室等外墙保温铺设高度未达到全部高度时，保温层不计算建筑面积；复合墙体不属于外保温层，整体视为外墙结构。

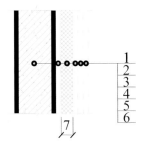

1
2
3
4
5
6

7

图10 建筑外墙外保温
1—墙体；2—黏结胶浆；3—保温材料；
4—标准网；5—加强网；6—抹面胶浆；
7—计算建筑面积部位

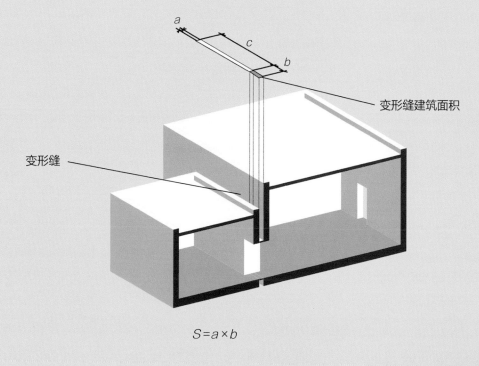

計算建筑面积

不計算面积

変形缝建筑面积

変形缝

$$S=a\times b$$

室内相通的变形缝

3.0.25 与室内相通的变形缝，应按其自然层合并在建筑物建筑面积内计算。对于高低联跨的建筑物，当高低跨内部连通时，其变形缝应计算在低跨面积内。

【条文说明】

3.0.25 本规范所指的与室内相通的变形缝，是指暴露在建筑物内，在建筑物内可以看得见的变形缝。

变形缝是防止建筑物在某些因素作用下引起开裂甚至破坏而预留的构造缝，包括伸缩缝、沉降缝和抗震缝；与室内不相通的变形缝不计算面积。

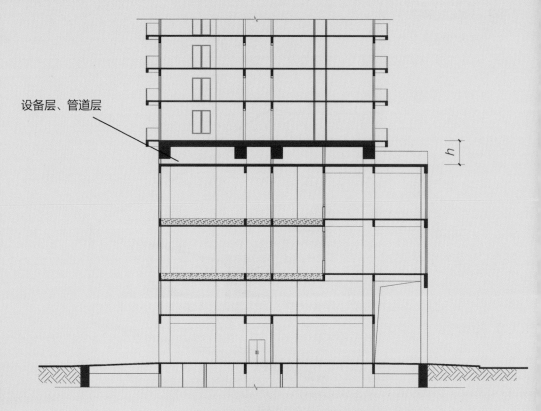

$h \geqslant 2.20\text{m}$ 计算全面积, $h < 2.20\text{m}$ 计算1/2面积

设备层、管道层剖面示意

3.0.26 对于建筑物内的设备层、管道层、避难层等有结构层的楼层，结构层高在2.20m及以上的，应计算全面积；结构层高在2.20m以下的，应计算1/2面积。

【条文说明】

3.0.26 设备层、管道层虽然其具体功能与普通楼层不同，但在结构上及施工消耗上并无本质区别，且本规范定义自然层为"按楼地面结构分层的楼层"，因此设备层、管道层归为自然层，其计算规则与普通楼层相同。在吊顶空间内设置管道的，则吊顶空间部分不能被视为设备层、管道层。

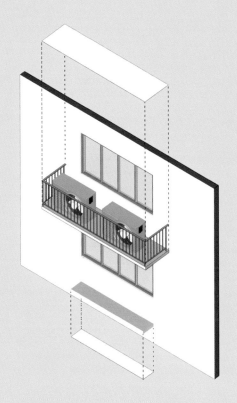

装饰挑台（廊）和设备平台

3.0.27 下列项目不应计算建筑面积：

　　1　与建筑物内不相连通的建筑部件；

【条文说明】

3.0.27　本条规定了不计算建筑面积的项目：

　　1　本款指的是依附于建筑物外墙外不与户室开门连通，起装饰作用的敞开式挑台（廊）、平台，以及不与阳台相通的空调室外机搁板（箱）等设备平台部件；

　　该部分建筑部件是建筑物使用者不能正常到达和保证安全的地方。

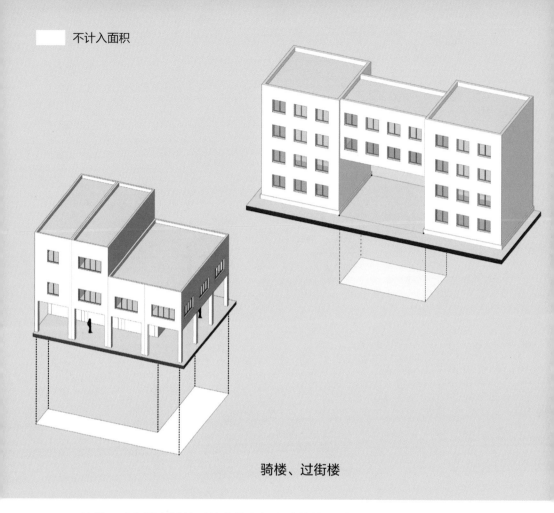

骑楼、过街楼

2 骑楼、过街楼底层的开放公共空间和建筑物通道；

【条文说明】

2 骑楼见图11，过街楼见图12；

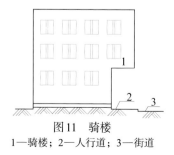

图11 骑楼

1—骑楼；2—人行道；3—街道

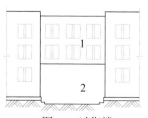

图12 过街楼

1—过街楼；2—建筑物通道

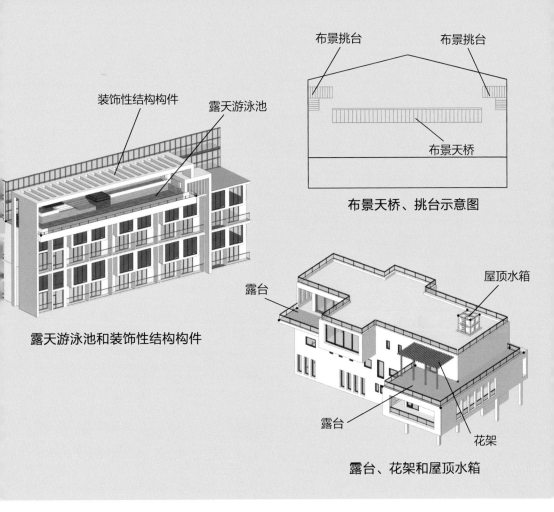

装饰性结构构件　露天游泳池

露天游泳池和装饰性结构构件

布景挑台　　　　　布景挑台

布景天桥

布景天桥、挑台示意图

露台　　　　　　　屋顶水箱

露台

花架

露台、花架和屋顶水箱

   3 舞台及后台悬挂幕布和布景的天桥、挑台等；

   4 露台、露天游泳池、花架、屋顶的水箱及装饰性结构构件；

【条文说明】

   3 本款指的是影剧院的舞台及为舞台服务的可供上人维修、悬挂幕布、布置灯光及布景等搭设的天桥和挑台等构件设施；

   露台须同时满足四个条件：一是位置，设置在屋面、地面或雨篷顶；二是可出入；三是有围护设施；四是无盖顶。

   屋顶的水箱不计算建筑面积，但屋顶的水箱间应计算建筑面积，水箱间是指人可进入的有储水池及机械设备的房屋。

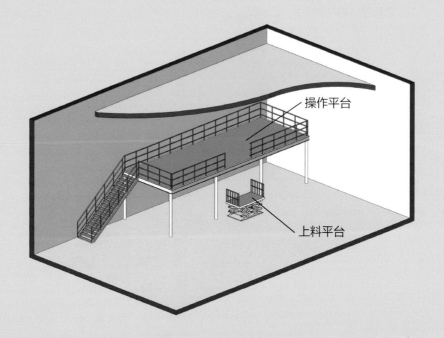

操作平台、上料平台

5 建筑物内的操作平台、上料平台、安装箱和罐体的平台；

【条文说明】

5 建筑物内不构成结构层的操作平台、上料平台（工业厂房、搅拌站和料仓等建筑中的设备操作平台、上料平台等），其主要作用为室内构筑物或设备服务的独立上人设施，因此不计算建筑面积；

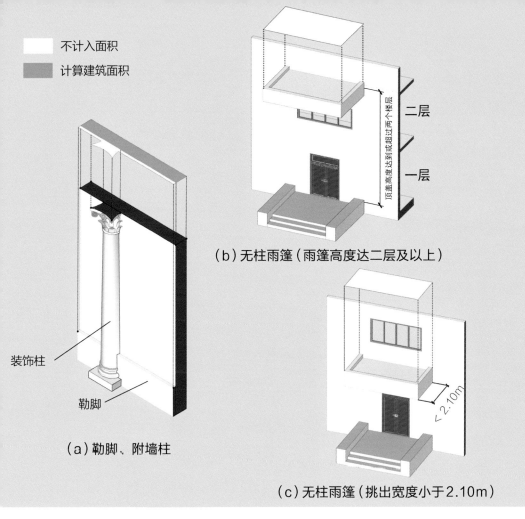

不计入面积

计算建筑面积

装饰柱

勒脚

（a）勒脚、附墙柱

顶盖高度达到或超过两个楼层

二层

一层

（b）无柱雨篷（雨篷高度达二层及以上）

＜2.10m

（c）无柱雨篷（挑出宽度小于2.10m）

6 勒脚、附墙柱、垛、台阶、墙面抹灰、装饰面、镶贴块料面层、装饰性幕墙、主体结构外的空调室外机搁板（箱）、构件、配件，挑出宽度在2.10m以下的无柱雨篷和顶盖高度达到或超过两个楼层的无柱雨篷；

【条文说明】

6 附墙柱是指非结构性装饰柱；

消防专用

室外爬梯、室外专用消防钢楼梯

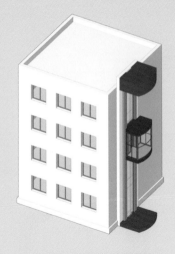

无围护结构观光电梯

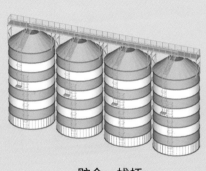

贮仓、栈桥

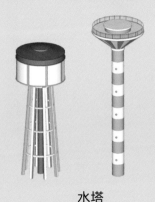

水塔

7 外钢楼梯需要区分具体用途，如专用于消防的楼梯，则不计算建筑面积，如果是建筑物唯一通道，兼用于消防，则需要按本规范第3.0.20条计算建筑面积；

8 室外爬梯、室外专用消防钢楼梯；

9 无围护结构的观光电梯；

10 建筑物以外的地下人防通道，独立的烟囱、烟道、地沟、油（水）罐、气柜、水塔、贮油（水）池、贮仓、栈桥等构筑物。

【条文说明】

7 室外钢楼梯需要区分具体用途，如专用于消防的楼梯，则不计算建筑面积，如果是建筑物唯一通道，兼用于消防，则需要按本规范第3.0.20条计算建筑面积。